Pasquale SABINO

COmeVIvereDannati

o difendersi da un film

Self Publishing

Prima edizione 2022

Copyright 2022 © Pasquale SABINO

Tutti i diritti riservati

ISBN 9781471032332

Indice

1. STRADE PERDUTE 13
2. L'IMBARAZZO DELLA SCELTA 21
3. RISCHIO TOTALE 27
4. CONSIDERAZIONI SULLA TRILOGIA 33
5. IL SEME DELLA DISCORDIA 39
6. VIRUS LETALE 45
7. GIUSTIZIA SENZA LEGGE 51
8. NUMERI MAGICI 67

Introduzione

"Ciascuno di noi, considerato da solo, è sufficientemente sensato e ragionevole, ma una volta parte della folla diventa subito una testa di legno".

È un concetto espresso dal drammaturgo tedesco Schiller, che in altre parole io chiamo massificazione, se vogliamo rappresentarlo come un fatto negativo, o istinto di sopravvivenza, se vogliamo rappresentarlo con un fatto positivo. Sì, conformarsi alla massa, avere un pensiero unico, è praticamente un istinto di sopravvivenza. Vi siete, infatti, mai chiesti perché si dice che se una pecora si butta dal burrone essa viene seguita da tutto il gregge? Ogni pecora lo sa che cadendo dal burrone incontra la morte (terrore istintivo del vuoto), anche se non sa cosa succede esattamente al di là del margine, ma se il gregge si dirige rapidamente verso il burrone e la prima pecora ci cade sbadatamente o fortuitamente, il gesto viene inteso come qualcosa di naturale, per cui esso viene emulato da tutte quelle che stanno immediatamente dietro e, come una reazione a catena, si verifica il disastro. Vero, tutta la dinamica può essere intesa come un gesto casuale dovuto magari a un evento che avrebbe fatto spaventare le bestie, ma ogni pecora anche se non spaventata (forse perché non aveva percepito nulla, forse distratta o sufficientemente distante dal pericolo) inizia d'istinto a seguire tutte le altre. Ne basta una. Ogni elemento del gruppo indubbiamente non si ferma per capire cosa stia succedendo e soppesare la circostanza, senza stare lì a ragionare sulla geografia del luogo, onde trovare nell'evenienza la direzione più prudente, ma comincia a scorrazzare insieme alle altre e basta. Una pecora parlante direbbe: non è proprio il momento di fermarsi, adesso bisogna filare (non la lana).

"...chè se una pecora si gittasse da una ripa di mille passi, tutte l'altre andrebbero dietro; e se una pecora per alcuna cagione al passar d'una strada salta, tutte l'altre saltano, eziandio nulla veggendo da saltare".

Dante

Una tipica espressione che potrebbe capitare di dire o sentire è: se lo fanno tutti allora lo faccio anch'io.

Un'occasione presentatasi quasi certamente nella nostra vita. Se per esempio scorgiamo che tutti abbandonano i sacchetti, contenenti i rifiuti da loro prodotti, sulla spiaggia (o in altri luoghi), senza preoccuparsi di portarseli insieme fino a incontrare un cassonetto opportuno, possiamo giustamente ritenere che in quel luogo si faccia così, e immaginare che passerà qualcuno a raccogliere. Logicamente non dobbiamo essere consapevoli che i nostri prossimi stiano facendo una cosa scorretta (come nel caso del gregge), poiché, per ipotesi, sappiamo che il cassonetto per raccogliere i rifiuti è limitrofo anche se non palesemente in vista, anzi è nostro dovere farlo notare.

Stiamo, purtroppo, vivendo dall'inizio 2020 (almeno in Italia) un avvenimento complicato e di immensa estensione, per il quale tutti imploriamo e desideriamo la sua tanto attesa fine, e sembra essere ancora incerta. Il Covid è una malattia seria e con stesso peso sarebbe dovuta essere trattata. Nota: ho scritto questo libro nel mese d'agosto 2022 anche se l'idea era stata concepita alle prime avvisaglie di questo teatro. Questa sventura, che ha influito ognuno di noi in forma differente (chi ha perso un parente, chi è diventato ipocondriaco, chi si è arricchito, chi ha perso il lavoro), ha pure disgregato le persone, fisicamente e socialmente, e ha crudelmente generato dei gruppi (fondamentalmente due, i pro e i contro) che avessero idee totalmente diverse tra loro, forgiando gli individui e rendendoli capaci di affibbiare vani e pregiudizievoli etichette a chi non ragionasse in egual modo (clima di odio e delazione fomentato perfino dai politici). Pro e contro cosa? **Confinamento** (Lockdown), autocertificazioni, zone a colori, divieto di visita ai partenti, a tavola con perenti conviventi, coprifuoco, delazioni, distanziamento, mascherine, antisettici, tamponi, obblighi vaccinali, certificazione verde (Green Pass, mediante il quale **i diritti assoluti diventano concessioni**), sospensioni, sanzioni, un cocktail altamente tossico che invade l'integrità personale e lede la dignità umana. Ciò che alla fine è emerso è che la paura della morte sociale ha vinto sulla paura della morte biologica. Da un lato (la maggior parte) l'istinto sociale e il bisogno di conformarsi, dall'altro (la restante minoranza) l'istinto biologico e il bisogno di libertà. Per carità, entrambe le scelte valide e naturali. Quindi da una parte sostenitori del regime che necessitano di affidarsi a un'autorità per sentirsi protetti, dall'altra persone ai margini del sistema che scelgono di affidarsi a se stesse per proteggersi. Etichette o non etichette, tutti rispettabili.

Ciò che io vorrei tentare di presentare con questa stringata opera sono le mie riflessioni, che presumibilmente non interesseranno a nessuno, senza però avere la presunzione (come fanno i media, sfornando articoli tutti uguali tra loro con una pericolosa certezza granitica) di avere la verità assoluta. Anzi sono consapevole che nessuno oggi è in grado di mettere a disposizione le debite chiarezze (salvo forse qualcuno, immaginando verosimilmente che in tutto questo "scempio" ci sia stato un dolo). Ricordo, all'inizio della funesta situazione, delle sagome in TV (solo così riesco a intitolarle) che si gloriavano di essere degli esperti (virologi, epidemiologi, infettivologi, igienisti), molti dei quali con un H-Index, che è un criterio per quantificare la prolificità di un autore basandosi sulle pubblicazioni e citazioni ricevute, veramente bassissimo e che non erano affatto d'accordo tra loro. Condizione di una gravità riprovevole. È stato anche questo il motivo per cui dal principio ho voluto ragionare solo con la mia testa, essenzialmente in base alla mia cultura, e avere una mia illazione che potrà essere totalmente o in parte uguale (o diversa) da quella del lettore. Ovvio, ho avuto la necessità anch'io di erudirmi ulteriormente su cose che ignoravo, ma facendo una scelta difforme da altri, ossia "spegnendo" il condizionatore (televisore) che, come di consueto, mostra notizie subordinate, e impiegando altri canali d'informazione (<u>non finanziati, o meglio, non pagati dal governo</u>), incluse prestigiose riviste scientifiche citate finanche dai protocolli ministeriali.

Come dico sempre io: *È importante, se non imprescindibile, portare risultati nella forma che più vi appartiene, con diligenza e dedizione, ma questo verrà confuso per sfacciataggine e asprezza perché siamo in un'ideologia del tutto sbagliata e lontana dall'essere banalmente imperfetta.*

1. Strade perdute

1.1 I Problemi del cavaliere oscuro

Quando ci si accinge a fronteggiare una nuova affezione si prospettano, di primo acchito, tre orientamenti da percorrere simultaneamente, dove ognuno non esclude gli altri, anzi, per la loro connessione, dovranno essere esplorati in sinergia.

1.2 Storie di ordinaria emergenza

La prima strada, non per rilevanza ma solo perché la si trova davanti nell'immediato, è quella di curare le persone. Come si fa? Ogni medico (generico, specialista, ospedaliero) è chiamato a compiere la propria missione (e non barricarsi e isolarsi all'interno del proprio studio) e deve fare di tutto per restituire la salute ai sofferenti, agendo secondo scienza e coscienza, come promesso, utilizzando strumenti diagnostici e terapie disponibile e donando tutta la loro esperienza. Necessita però, in questo caso, attuare un efficace scambio di informazioni attraverso, per esempio, una semplice piattaforma informatica, magari coordinato e supervisionato da ogni Regione o direttamente dal Ministero della Salute, fino a convergere (tutti) in tempi brevi verso uno o più concreti protocolli e avremmo eluso le inservibili, se non rovinose, linee guida formulate dal Governo.

Solo come esempio, spero mi concediate di presumere e illustrare cosa potrebbe dibattersi nell'intelletto di un medico.

Non esiste un antivirale (e comunque, storicamente, i farmaci contro i virus sono tossici), per cui bisogna seguire il decorso della malattia fino a quando il sistema immunitario (nel cui dobbiamo confidare) non abbia perfezionato il proprio lavoro. Quello che un medico può fare è aiutare (o almeno non intralciare), appunto, il sistema immunitario a rispondere positivamente e cercare oltretutto di non sovraccaricarlo con altre situazioni. Il basilare criterio che viene concretizzato è l'attenuazione dell'infiammazione sui tessuti e/o organi colpiti da un agente patogeno. Nonostante l'infiammazione sia di per sé una risposta volta a proteggere l'organismo, se non adeguatamente controllata, può causare dei danni. Ricordo che il suffisso "ite" aggiunto a un termine anatomico indicano l'infiammazione dell'organo o tessuto cui il termine si riferisce. Per esempio quando si parla di rinite, nefrite, enterite, miocardite, significa, rispettivamente, infiammazione delle mucose nasali, dei reni, dell'intestino, del muscolo cardiaco. Queste infiammazioni, che possono avere molteplici radici, sono in grado di compromettere anche il funzionamento di tutto l'apparato o sistema (di cui fa parte l'organo in causa) e nel caso del cuore (sprovvisto di rigenerazione cellulare) provocano la morte del tessuto. Vantaggioso, quindi, somministrare al malato degli antinfiammatori (l'indometacina, semplice acido acetilsalicilico, noto anche con vari nomi commerciali, per esempio come Aspirina, ecc.), alcuni, come il nimesulide, utili anche come inibitori di alcuni componenti della tempesta citochinica (che vedremo nel capitolo successivo). Un secondo effetto di un tessuto infiammato è che esso diviene campo fecondo per lo sviluppo di patogeni intracellulari (batteri, sempre presenti). Per questa ragione, per procedimento del tutto profilattico, un medico assegnerebbe anche degli antibiotici associati ai tradizionali fermenti lattici probiotici. Superfluo ricordare che una flora batterica danneggiata potrebbe provocare dissenteria con conseguente disidratazione, che è sempre un presupposto imprudente, e può condurre anche a un collasso cardiocircolatorio. Inoltre, nel caso di infezioni alle vie aeree inferiori, del mucolitico, farmaco che serve a rendere più fluente il muco per favorire il movimento delle ciglia polmonari (strumenti naturali di pulizia) e non far abbarcare sporcizia e agenti patogeni, e della vitamina C non disturbano mai. Tra mucolitici annoverati, il famoso NAC, ovvero N-acetilcisteina, potentissima sostanza antiossidante che rigenera il glutatione (amico che ritroveremo nel capitolo successivo). Infine, sempre e solo come esempio, un medico potrebbe somministrare anche dell'eparina, noto anticoagulante, e del cortisone per smorzare l'infiammazione a livello vascolare oltre a dare benefici anche alle vie aeree inferiori. Non scordiamoci che con tutti i medici all'azione si potrebbero scovare anche dei farmaci riposizionati (sempre più numerosi), farmaci che vivono una seconda vita e utilizzati per trattare condizioni diverse da quelle per cui erano stati inizialmente pensati, come per esempio l'idrossiclorochina e l'ivermectina, senza tralasciare l'utilizzo sempre più rispettabile di integratori, come per esempio antiossidanti, polifenoli, vitamina D.

1.3 Un'alternativa a X-Men

La seconda strada da percorrere è quella di "sfruttare" i convalescenti, i quali per fortuna (per tutti) ne sono stati davvero tanti. Come? Facendo donare loro il plasma (la parte liquida del sangue composta da più del 90% di acqua), una semplice operazione che dura meno di un'ora, assolutamente sicura per la salute del donatore. Questo plasma contiene anticorpi neutralizzanti (proteine a tenaglia, capaci di "agganciare" la sostanza estranea ed eliminarla) che possono essere impiegati sugl'individui che hanno sviluppato la malattia. Questo trattamento chiamato immunizzazione passiva (utilizzato nel passato per la SARS e per l'Ebola), che non sostituisce, come già detto, la prima strada, ha il solo proposito di salvare quante più vite umane possibili, e troverebbero provvidenziale beneficio, per esempio, i pazienti immunodepressi (che si trovano ad avere ridotte difese immunitarie).

Viva l'essere umano.

1.4 Nemico pubblico

La terza strada, secondo la mia convinzione la più pregevole, è "sfruttare", ahimè, quelli che non ce l'hanno fatta, quelli che io chiamo martiri. Ossia? Eseguire le autopsie. Per manifestare l'importanza di questa imprescindibile prassi, cito direttamente l'espressione del vocabolario della Treccani: indagine volta ad appurare le cause della morte e le <u>modalità</u> della malattia. Da constatare che parla anche di modalità e non solo di cause. Anche se l'esposizione di un'enciclopedia (per esempio Wikipedia) è più esauriente e potrebbe soddisfare di più, in qualsiasi modo, il vocabolo "autopsia" discende dal greco e vuol dire in sostanza "vedere con i propri occhi". Accidentalmente si sarebbe "scoperchiato" che le polmoniti interstiziali (che sono sempre esistite e che rappresentano, con le circa 200 patologie infiammatorie, la prima causa di morte infettiva nei paesi occidentali) non c'entra niente o c'entra poco, e che presumibilmente il "maledetto" virus crea anche deficienze vascolari che riducono l'ossigenazione del sangue. Ecco spiegato l'uso dell'eparina e del cortisone nelle terapie, che farebbero impallidire l'insignificante ossigenoterapia (intubazione), in talune condizioni, nociva. Ricordo che dal ventricolo destro del cuore parte l'arteria polmonare che ha il mandato di condurre il sangue fino ai polmoni per il processo di ossigenazione. Il ritorno (di quella che viene designata piccola circolazione) è formato dalle vene polmonari, che collegano i due organi della respirazione all'atrio sinistro del cuore, responsabili del trasferimento, appunto, del sangue ossigenato. Infine quest'ultimo verrà pompato attraverso l'aorta al resto dell'organismo (grande circolazione).

1.5 Resistenza naturale

Sarebbe possibile una quarta strada, "sfruttare" la popolazione dimostratasi immune alla malattia: un immane esercito composto da asintomatici. Però, credo che sia un'idea un po' macchinosa e dispendiosa da mettere in pratica, che parte dallo Screening di massa e termina con tutte le analisi statistiche del caso.

2. L'imbarazzo della scelta

2.1 Niente orchidee

Che cosa è stato fatto invece in Italia (e forse anche in altre parti del mondo)? Niente, di queste tre strade, non è stata presa neanche una. Come posso lodare l'operato del Governo se contrario (in tutto) alle mie congetture? Primis, a inizio pandemia sono state proibite le autopsie, senza alcun raziocinio (vedi capitolo "Virus letale"); secundis, il medico, un ex primario di pneumologia (di cui oggi ne piangiamo la sua inspiegabile dipartita) che con sapienza e consapevolezza ha saggiato la terapia col plasma iperimmune e ha fatto (con cognizione e rettitudine) una trasmissione al Ministro della Salute, è stato pienamente ignorato, anzi si è visto arrivare dei Carabinieri a casa sua; terzis, la circolare ministeriale sulla gestione domiciliare dei pazienti (linee guida), emessa solo il 20 novembre 2020, proponeva primariamente una terapia sintomatica, con paracetamolo, in caso di febbre, e antinfiammatori, in caso di dolori articolari e muscolari, oltre alla "vigile attesa".

2.2 Protocollo fantasma

In particolare, la circolare promulgata dava quindi un SÌ (verde) per paracetamolo e antinfiammatori; un NÌ (arancione) per altre terapie (tipo cortisone ed eparina) da adottare solo in specifiche fasi della malattia (senza uso routinario), vale a dire nei soggetti ospedalizzati e allettati (immobilizzati) o a domicilio in pazienti senza miglioramento del quadro clinico dopo le 72 ore e in presenza di parametri che avrebbero condotto verso la necessità di ossigenoterapia (e non precocemente come avrebbe fatto un buon medico in dissenso con la vigile attesa); un NO (rosso) per altre terapie (tipo antibiotici), fortemente non favorite.

Ma l'aggravarsi della patologia (per i soggetti a rischio, per esempio, anziani con più patologie, o per persone predisposte), si verifica proprio dopo le 72 ore, ossia quando ormai il virus non c'entra più ed entra in campo il sistema immunitario. Chiarisco: nel momento in cui il sistema immunitario non si dimostra capace di eliminare il virus, l'organismo provvede con una seconda risposta immunitaria molto più forte, infiammando i tessuti con la cosiddetta "tempesta di citochine" e, come già detto, le infiammazioni danneggiano gli organi del nostro corpo. Un rilascio smisurato di queste molecole creano un danno multiorgano e danni a vasi sanguigni con gravi conseguenze, come si può immaginare. Ecco perché necessita intervenire in tempi più rapidi mediante terapia <u>preventiva</u> e precoce ed evitare soprattutto una coagulazione disseminata (vedi capitolo "Virus letale").

2.3 Vero come la finzione

Ad aprile 2021 c'è stata una revisione delle linee guida e sono stati addizionati degli Anticorpi Monoclonali, anticorpi di sintesi che hanno la presunzione di essere superiori a quelli naturali, e a febbraio 2022 c'è stato un altro adeguamento, dove si evince che sono stati infilati ben tre farmaci antivirali. Quesito: con medicinali, anticorpi e antivirali, come crediamo sia possibile che ancora oggi ci sono delle vittime? Come mai nella prima settimana di agosto 2022 ci sono state la bellezza di altre mille vittime? Episodi notevolmente strampalati in pienissima estate. Sono ancora cifre agghiaccianti, considerando altresì che più del

90% della popolazione over 12 hanno completato il ciclo vaccinale e quasi l'85% hanno usufruito della dose addizionale. Io un responso ce l'ho (vedere capitolo "Il seme della discordia").

Giusto per la cronaca, lo schema (chiamato in gergo Tachipirina e vigile attesa) è stato spezzato dalla Regione Piemonte, in piena terza ondata e con ospedali vicino al collasso, introducendo nel protocollo per la presa in carico a domicilio dei pazienti Covid, che viene effettuato dalle USCA (Unità Speciali di Continuità Assistenziale) e dai medici di famiglia (che comprendono i pediatri), vitamina D, antinfiammatori in qualsiasi caso e idrossiclorochina.

2.4 La lunga attesa

La "vigile attesa", detta con sinonimi "attesa con un'adeguata attenzione", è all'atto pratico un "nuovo farmaco" ed è nientemeno che un atteggiamento prudente e attento, che significa non intervenire ai primi sintomi ma osservare l'evoluzione della malattia. Anche se "adeguata", a mio avviso, non significa niente, la vigile attesa è un approccio nato per ridurre l'uso sconsiderato degli antibiotici per il quale (ma solo per malattie ormai arciconosciute) sono completamente d'accordo. Non sono invece in sintonia per l'uso di paracetamolo. Esso è solamente un analgesico e un antipiretico. Caspita, usare la vigile attesa per una malattia sconosciuta e un antipiretico per strappare all'organismo una delle armi che ha per lottare contro il virus, non è proprio il Top, piuttosto sembra proprio un'idiozia per non adoperare altra terminologia. Voglio richiamare alla mente che la febbre non è una malattia ma un segnale, e che servirsi di un antipiretico non sopprime, dunque, la malattia. La febbre (come l'infiammazione) è una risposta del sistema immunitario, cioè un potente ed efficace meccanismo di difesa. Privare l'organismo di questa "medicina" potrebbe trascinare verso l'effetto contrapposto. Solo se la febbre risulterà elevata, se per esempio supera i 39°C, il che darebbe origine ad altri grattacapi anche imperdonabili, particolarmente nei bambini e negl'anziani, allora è giusto ricondurre l'alterazione termica al di sotto del valore di precauzione, e non per forza con mezzi chimici, come ci hanno istruito le nostre nonne.

2.5 Febbre da vivere

Un altro fenomeno del paracetamolo sull'organismo, è quello di ridurre le scorte di glutatione. Anche se si dovesse trattare di piccole percentuali di paracetamolo che entra nella via metabolica che coinvolge il glutatione intracellulare, non è una valida operazione per il sistema immunitario, già minato, mentre avrebbe urgenza di essere assistito in tutte le sue forme. Anche il sale rosa dell'Himalaya (che non proviene dalla catena dell'Himalaya) contiene cadmio e piombo (cancerogeni secondo l'OMS) in quantità tollerabili e senza rischio di avvelenamento. Ma perché dovrei assumere cadmio e piombo per andare dietro a una stupida moda? Tornando a noi, il glutatione, infatti, definita come una tigre contro i virus, è la più importante difesa cellulare, protegge e rinforza il nostro sistema immunitario, in definitiva svolge un ruolo cruciale. Senza questo enzima il sistema immunitario rimane debole e sbilanciato. Cosa significa sbilanciato? Significa che il glutatione serve anche come regolatore del sistema immunitario il quale potrebbe, come già visto, dare una reazione intemperante verso l'infezione (tempesta citochinica).

3. Rischio totale

3.1 Elisir di nuova vita

Sempre secondo il mio pensiero, ci sono state delle pecche, anche se mi verrebbe da dire che c'è stata la "totale" intenzione di non dare completa reputazione a chi ha pronunciato il giuramento di Ippocrate per dedicarsi, senza riserve, alla cura dei pazienti. Nonostante tutta l'esperienza sulla SARS e la MERS, che agiscono in maniera affine al Covid, mi risulta che ci sono dei medici che hanno guarito persone con malattia (anche in forma severa), constatando la vacuità del protocollo ministeriale, e che sono stati perfino sospesi dall'Ordine. Mi risulta, per di più, che ci sono dei medici "devoti" al protocollo ministeriale e che si sono sentiti dire (e abbandonati dallo Stato) che quelle erano solo delle linee guida.

Hanno bensì scelto tutta un'altra strada (la quinta strada), quella dei vaccini. I vaccini, costituiti da microrganismi uccisi o attenuati (oppure da sostanze da loro prodotte o da proteine a loro appartenenti), simulano il primo contatto con l'agente infettivo invocando una risposta immunitaria senza però causare la malattia. Il principio alla base di questo meraviglioso meccanismo è la memoria immunologica, ossia l'attitudine del sistema immunitario di ricordare da quale microrganismo siamo stati già aggrediti e di rispondere, di conseguenza, in maniera efficiente ed efficace (che nemmeno ce ne accorgiamo). I sieri contengono principalmente acqua sterile (o soluzione fisiologica), tutte quelle sostanze usate anche nel settore cosmetico e alimentare, come i conservanti (anche antibiotici per prevenire la contaminazione da batteri) e gli stabilizzanti, infine contengono degl'adiuvanti che servono a migliorare la risposta del sistema immunitario. Senz'altro gli adiuvanti, per indossare il ruolo e stimolare il sistema immunitario, devono essere per forza tossici, quanto tossici non si sa, ma naturalmente non dovrebbe trattarsi di essenze del tutto inoffensive. Tra gli adiuvanti al momento autorizzati ci sono, per esempio, i sali di alluminio (usati come antitraspiranti e che fanno ormai parte di un tema molto dibattuto e con tesi contrarie al loro utilizzo), le famose citochine, e tra gli adiuvanti con studi clinici ancora in corso ci sono, sempre per fare un esempio, le nanoparticelle. Ha dichiarato l'AIRC che alcuni studi hanno mostrato un rischio potenziale sulla loro cancerogenicità.

3.2 La vera storia di quarto potere

La storia insegna che la prima malattia (virale) a essere completamente debellata (eradicata dalla Terra, volendo utilizzare parole più significative), dopo una massiccia campagna di vaccinazione, è stata il Vaiolo, nel 1979. Il vaccino antivaiolo è stato introdotto nel 1796, il suo sviluppatore, un medico di campagna, Jennet (il padre dei vaccini), aveva osservato che i lavoratori contagiati dal vaiolo bovino (e che sviluppavano deboli disturbi), non si ammalavano più della sua variante umana (molto più pericolosa). **Meraviglioso meccanismo della memoria immunologica.** Con imprudenza ma anche con eroismo, il medico prelevò del pus da un malato di vaiolo vaccino e lo iniettò a un ragazzo. Aveva visto bene. Ecco perché questa pratica si chiama vaccino, da vacche.

3.3 La macchina del tempo

Per approvare un vaccino (ma anche un medicinale in genere) è imposto un rigido Iter ben articolato che comprende anche fasi di sperimentazione preclinica e fasi di sperimentazione clinica (sull'uomo). Ci sono delle cliniche competenti e qualificate che si occupano della prima fase della sperimentazione clinica, effettuata su individui sani (volontari, per lo più giovani, che vengono ricoverati come dei propri degenti e retribuiti), che testano l'assenza di tossicità. Ogni volta che qualche sventurato, per soldi, ci lascia la pelle, rispuntano le polemiche sui test ma dopo un po' di tempo ci si scorda di tutto e si continua come se non fosse capitato nulla. I tempi di approvazione sono molto lunghi, obbedendo al principio "primum non nocere", ma i vaccini Covid sono stati sviluppati in meno di un anno. Ciò non vuol dire che sono totalmente inefficaci ma bisogna riconoscere che sono "triplamente" sperimentali e di bassa qualità, poiché una purificazione dei componenti è un processo lungo e difficile, rischiando anche l'integrità dell'mRNA (vedi capitolo successivo).

3.4 La scienza di confine

Un'altra lezione che la **letteratura** insegna è che non si vaccina mai durante un'epidemia/pandemia. Elementare è la delucidazione: all'interno del singolo organismo la popolazione virale (composta da un'ampia quantità di mutanti, vedi capitolo successivo) entra in competizione col vaccino, e i membri più resistenti (i virus che "bucano" il siero) saranno gli stessi che diverranno padroni di prolificare indisturbatamente e che con grande prevedibilità ammorberanno altri organismi.

4. Considerazioni sulla trilogia

4.1 La compagnia dell'anello

Prima considerazione.

Nonostante cospicue risorse, svolgimento in parallelo dei vari gradini, apprezzamento progressivo degl'esiti e scorciatoie burocratiche (per via dello stato emergenziale), i vaccini Covid non sono stati approvati ma solo autorizzati con riserva. La concessione subordinata cosa denota? Vuol dire concretamente: adoperiamoli, saranno promossi solo se gli esiti saranno stati propizi. **Vaccino, quindi, empirico.** Ma, domando io, se i vaccini saranno soggetti a un'approvazione standard a fine 2023 (oltre alla questione che quasi certamente dovranno essere fatti degli adeguamenti sulla composizione dei prodotti e quindi, a questo punto, ci si chiede quale siero subirà questo beneplacito per l'esattezza) a chi favorirà, successivamente, se il virus si sarà riprodotto in più varianti? Essendo un virus a RNA (come la maggior parte), è razionale che il filamento genetico (singolo) muterà e anche parecchio (76 mutazioni su 100 replicazioni). Ogni ospite, per enunciarlo spiccio, avrà una propria popolazione di virus (diversa perciò da persona a persona) chiamata quasi-specie.

4.2 Le due torri

<u>Seconda considerazione</u>.

Non è un vaccino usuale (virus uccisi, attenuati, ecc.) ma è un vaccino a RNA messaggero (mRNA). Una nuova tecnologia. **Vaccino, quindi, di prova**. La cellula umana è formata, sorvolando su ciò che non ha legame, da un nucleo, dal citoplasma (che contiene i ribosomi), il tutto delimitato da una membrana che possiede delle strutture recettoriali confacenti a essere in contatto con il mondo esterno. Riposti del nucleo i 23 cromosomi (materiale genetico) presenti tutti in duplice copia. Ogni cromosoma è fatto di acido Desossiribonucleico (DNA lungo in tutto un paio di metri) opportunamente attorcigliato su se stesso, più volte, sino a foggiare dei noccioli, connessi tra loro come una collana di perle, e poi delle fibre che daranno forma, infine, ai cromosomi, a mo' di salsiccia. All'interno del nucleo ci sono due "fabbrichette", la prima si occupa della duplicazione del DNA, impresa preparatoria alla riproduzione cellulare (mitosi), la seconda provvede alla codifica del DNA (RNA polimerasi) indispensabile, come vedremo, per la generazione delle proteine, entrambi articolati processi. Succintamente, ogni cromosoma inizia a dispiegarsi e distendersi, e la sua estremità si "infila" all'interno del primo "laboratorio", in seguito il DNA (formato dalla doppia elica) si suddivide nelle due parti costituenti e vengono costruite copie indistinguibili dei settori "sfilacciati", per finire, si verifica l'unione complementare di quest'ultime ai due filamenti originali. Perciò, man mano che il DNA si divide, si dà vita ad altri due nuovi (che in avanti si tramuteranno in cromosomi) mantenendo così lo stesso patrimonio genetico. Di nuovo, ogni cromosoma inizia a dispiegarsi e distendersi, e la sua estremità si "infila" all'interno della seconda fabbrichetta. Il DNA viene sottoposto interamente a esame e viene adoperato solo per la sezione pertinente a quella specifica cellula. A questo punto l'artificioso procedimento trasforma l'informazione acquisita (contenuta in un gene del DNA) in una tangibile molecola di RNA messaggero. Il patrimonio genetico resta sempre e solo nel nucleo (fondamento per la sua conservazione), mentre l'mRNA abbandona il nucleo per essere poi decodificato dai ribosomi, responsabili della sintesi proteica.

Il vaccino a mRNA opera inoculando nel corpo di un individuo un frammento dell'RNA virale, il quale invade ulteriormente le cellule e viene decrittato, a mo' di mRNA cellulare, dai ribosomi, per cui quest'ultimi iniziano a concepire una proteina (Spike) che fa parte appunto del Virus (vedi capitolo "Il seme della discordia"). Adesso entra in gioco il sistema immunitario che avvista l'elemento forestiero (Spike) e crea gli anticorpi neutralizzanti (sempre non naturali, quindi verosimilmente imperfetti), difendendo l'organismo da posteriori e reali incursioni da parte del virus e le sue Spike (che stanno intorno), **sempre se si istituisce la memoria immunologica**. A dire il vero, su di un bugiardino ho trovato scritto invece: [...] il vaccino induce sia una risposta anticorpale neutralizzante che una risposta immunitaria [...] che possono contribuire a proteggere contro [...]

Disgrazia, poi, se la Spike somigliasse, per caso, a proteine umane (per esempio, la titina, le sincitine), perché facilmente queste ultime saranno assalite dagli anticorpi (già non del tutto idonei) provocando all'atto pratico una malattia autoimmune. Questa sovversione al sistema immunitario si chiama ADE (Antibody-dependent Enhancement).

4.3 Il ritorno del re

<u>Terza considerazione</u>.

Con quale automatismo l'mRNA (generalmente instabile) s'incunea e conquista le cellule? È indispensabile l'impiego di un vettore (che non viene adocchiato dall'organismo come un agente estraneo, pena la distruzione) che custodisca e salvaguardi questo RNA messaggero, ed è, per la maggior parte dei vaccini venduti in Italia, un liposoma (nanoparticella di grasso sintetico), <u>mai autorizzato</u> nel passato per uso umano. Interrompendo il decoroso timore sugl'altri ingredienti, come per esempio gli adiuvanti, tra i quali, a oggi, possono presentarci di tutto a nostra insaputa (metalli pesanti, grafene, ecc.), poiché oltre al segreto industriale è stato intimato anche il segreto militare (come misura di sicurezza, arcana per la mia razionalità), definisco che trattasi di **vaccino tuttavia sperimentale**.

È stato (ed è) come puntare tutto al gioco senza conoscerne le regole.

5. Il seme della discordia

5.1 Obbligo o verità

Per un trattamento "triplamente" sperimentale, per il quale non ambisco figurare nella mia mente dubbi sulla sua funzionalità, non posso suffragare:

a) l'obbligo vaccinale (per qualsivoglia siero pure se approvato) senza una legge;

b) l'obbligo vaccinale (sperimentale) con derivante estorsione e "furto" ai lavoratori;

c) che a dispetto di un obbligo sia stato preteso di sottoscrivere il consenso informato;

d) che il consenso informato sia lacunoso sui costituenti dei sieri e sul sistema del loro procedimento.

Nell'elenco solo punti di vista formali/legali ma sono ugualmente ragguardevoli tutti gli altri elementi tecnici di sicuro criticabili.

5.2 Io, robot

La cosa più contestabile (detestabile) è la questione dei richiami (usati come una ricarica per il sistema immunitario, trasformando l'essere umano in un dispositivo tecnologico), se l'intitoli dosi aggiunte la nazione si allarma, se li battezzi Booster le persone dicono "wow". Ammissibile un solo richiamo fatto dopo una ventina di giorni, poiché è veramente comprensibile che il vettore si lasci sfuggire, per il tragitto, il frammento di RNA. Il corpo umano necessita di entrare in contatto con virus e batteri per tenere in funzione il sistema immunitario, ma questo l'hanno spento e ci hanno venduto un surrogato da aggiornare. Una ricercatrice e collaboratrice scientifica, consulente ed esperta di vaccini, li aveva caratterizzati, a ragion veduta, vaccini di precisione poiché concepiti per la "variante" Wuham del virus. Le case farmaceutiche hanno però sostenuto che le Spike del virus (unico fattore del motore vaccino) non si alterano in nessun caso. Enuncerei con apicale persuasione che quella asserzione era infondata (o imprudente). Per l'autunno hanno già enunciato che ci sarà un aggiornamento del vaccino adatto alla variante Omicron 5, Centaurus (su una cosa insomma al momento inesistente e in ogni caso su una natura imprevedibile), benché su di un bugiardino abbia trovato scritto: [...] il vaccino induce sia una risposta anticorpale neutralizzante <u>che una risposta immunitaria</u> [...] verso l'antigene delle <u>proteine Spike</u> [...]

5.3 Quelli del DNA

L'mRNA, quale destino?

L'mRNA delle nostre cellule va in autodistruzione al compimento del suo fugace incarico. Per "sentito dire", anche quello del vaccino si degrada, ma non l'ho visto segnato da nessuna parte. Io confido che sia effettivo, data la sua indole instabile, ma sarebbe stato più opportuno registrarlo in qualche attestazione ufficiale.

5.4 Le particelle elementari

Le nanoparticelle, quale destino?

Concesso che sia così, che la cellula a un certo punto cessi di produrre la proteina Spike, in che misura le nanoparticelle riescono ad accedere all'interno delle cellule e quante, all'opposto, rimangono in circolo nell'organismo che, unitamente al colesterolo contenuto nel vaccino, avrebbero la forza di procurare severe molestie se piombassero, per ipotesi, nei capillari? D'accordo, il più angusto dei capillari è 50 volte più grande delle nanoparticelle ma, ricordiamoci parimenti, che questi piccolissimi vasi sanguigni sono nondimeno 2500 volte più grandi del colesterolo. Altro che nanoparticelle. Al lettore libere deduzioni.

5.5 La spina del diavolo

Le Spike, quale destino?

Le Spike (che significa spine) sono quei requisiti del virus (come vedremo nel capitolo "Virus letale") che svolgono la commissione di attraccarsi alle cellule fino a quando non scovano i recettori della membrana cellulare per addentrarsi. Quanta Spike prolifica nell'organismo? Nel tempo in cui l'organismo ancora non ha una risposta immunitaria funzionale, che sia all'altezza di ostentare pertinenti anticorpi, che fine fanno le Spike? Queste "spine", a passeggio per il corpo umano (ammesso e non concesso che non siano velenose per l'uomo, come ovviamente decantato), potrebbero essere pericolose (e la riflessione germoglia con raziocinio) poiché riuscirebbero ad attaccarsi a qualsiasi tessuto e determinare delle infiammazioni (o lesioni) che nel breve (o lungo) termine arrecherebbero immancabilmente danni all'organismo. Le Spike sono nocive? Per me sì, negative, controproducenti, controindicate. Tutto mi fa pensare alla variolizzazione (inoculazione di croste dei pazienti infetti), tecnica usata prima della vera e propria vaccinazione.

5.6 Incognita poesia

Infine, accettando di valutare unicamente il valore generico dei vaccini, scusandosi, appunto, delle "fantasie tecniche", qualcuno però si permette ancora di riferire che "i benefici superano i rischi" ma... a quali guadagni costui indica se non sono ben noti i frutti a lungo termine (ma manco a breve termine considerato che è stata concessa una farmaco-vigilanza passiva)? Per un siero sperimentale (tre volte) è da efferati non abbracciare una farmaco-vigilanza attiva, anzi rafforzata. Ricordiamo che la roulette russa è leale al 83,3%. Svariati connazionali (in effetti in stragrande maggioranza) hanno optato per un gesto di fiducia, non verso la scienza (ancora nella morsa di un'entità alquanto sconosciuta perfino non classificata come essere vivente), ma verso una casa farmaceutica (qualcuna la più multata della storia) che non opera per salvaguardare vite umane (come ha fatto Sabin non depositando nessun brevetto del suo antipolio) ma incede esclusivamente per profitto, giacché un'impresa è costantemente alla ricerca del proprio tornaconto. Al resto degli italiani è venuta meno questa fede e hanno, in sostanza, preferito sfidare la sorte anziché un avvenire imprevedibile, oppure hanno praticato, senza indugio, una legittima difesa.

Dove c'è un'incognita deve esserci arbitrio.

6. Virus letale

6.1 Ancora fantascienza

La terza delle tre valide direzioni, quella delle autopsie, lunghe e complicate, con cui vengono rimossi tutti gli organi e dissezionati anche gli intestini e vasi sanguigni, è stata seguita a Bergamo, per la prima volta in Italia, su 38 pazienti, e gli spettanti esiti sono stati promulgati a ottobre 2020 (prima della suggestiva comparizione dei vaccini). Ne è derivato che l'insufficienza respiratoria è stata la causa della morte ma, oltre a rilevare un danno diffuso ai polmoni, sono stati constatati, <u>su tutti i pazienti</u>, trombi estesi a livello del cuore, grosse ostruzioni all'arteria polmonare e piccole occlusioni disseminate in vene e arterie periferiche. C'è stata, con espressione sanitaria, una polmonite con coagulopatia. Hanno curato, con espressione sanitaria, una brocoembolia come polmonite interstiziale. Il frutto delle autopsie hanno donato un vitale contributo al trattamento dei pazienti, promuovendo l'impiego di eparina e cortisone. È stato evidenziato che l'ostilità verso le autopsie era scientificamente sbagliato.

Ma perché hanno proibito le autospie... pardon, le autopsie a inizio pandemia? Le risposte che banalmente possono partire da una capoccia ne sono due, la prima è per tentare di occultare le concrete radici alla base dei decessi (anche se la nitida verità è sempre crudelmente onesta), la seconda è perché si temeva che il virus avesse a disposizione capacità e potenza per diffondersi anche dopo il decesso dell'ospite. Basta rendersi conto della differenza tra batteri e virus per riconoscere prontamente la risposta.

Entrambi microorganismi monocellulari. Esseri formati da una sola cellula e questa costituisce tutto l'organismo, cioè può esercitare tutte le attività necessarie alla loro sopravvivenza.

6.2 Evolution

I batteri, efficienti divoratori che crescono e si riproducono molto rapidamente, sono esseri viventi autosufficienti, ovvero dispongono di mezzi e capacità di procacciarsi tutte le sostanze nutritive. Essi sono forniti di una struttura pari a quella di una cellula (anzi più complessa), hanno una membrana (che consente di scambiare con l'esterno nutrimenti e sostanze di rifiuto), un nucleo, contenente però un unico cromosoma, il citoplasma, i ribosomi (per l'elaborazione del mRNA), e via discorrendo, e possono avere una forma sferica (cocchi), a bastoncino (bacilli), e disporsi in vari modi, in mucchietti (stafilococchi), a catene (streptococchi), e altro ancora. La maggior parte di loro hanno la superficie completamente liscia e alcuni batteri sono in condizioni di spostarsi, grazie alla presenza sulla loro parete esterna di peli (denominati flagelli, simili alle ciglia polmonari), in ambiente liquido (un velo d'acqua, come può essere la nostra mucosa, vuol dire, per queste microscopiche creature, un vasto lago). I batteri risiedono, vivono e si riproducono ovunque, sulla nostra pelle, all'interno della nostra bocca, nel nostro intestino, su qualunque superficie, purché intrisa da quel poco di umidità presente nell'aria, e l'ambiente più fecondo è il terreno.

6.3 Virus

I virus hanno flagellato l'umanità fin dai primordi, ma solo recentemente si è riusciti a capire la loro natura. Il primo virus a essere osservato, quindi scoperto, è stato quello del vaiolo, il più grande di tutti e l'unico rilevabile col microscopio ottico. I virus, fra i più piccoli microorganismi, possono restare in vita soltanto come status di parassiti, poiché non sono in grado, a differenza dei batteri (e di tutti gli altri esseri viventi), né di assumere dall'esterno sostanze nutritive e né di convertirle in energia (per crescere e riprodursi). Anzi non hanno nessuna pretesa di crescere ma "nascono" (vedremo come) in una forma già adulta. Perciò essi sono sempre vincolati a trovarsi una cellula ospite (animale, vegetale o batterica), all'interno della quale si organizzano per sfruttare le provviste e l'organismo stesso. In assenza di un ospite vivo e rigoglioso, il virus è destinato in poche ore a scomparire, eccetto l'ipotesi in cui non si tratti di un virus naturale ma di uno sofisticato in laboratorio (scopribile solo approfondendo le sequenze genetiche e ricercando eventuali correlazioni con altri frangenti). Chiaramente un parassitismo troppo spinto, in grado cioè di provocare la morte dell'ospite, risulta in definitiva svantaggioso per il virus. A eccezione di quello del vaiolo, tutti i virus sono stati resi riconoscibili solo con l'avvento del microscopio elettronico, il quale ha permesso di osservare, direttamente o indirettamente, anche la loro forma. In pratica i virus sono costituiti dal solo materiale genetico, DNA o RNA, racchiuso in un sacchetto (che sembra un mosaico formato da parti tutte uguali) di numerose fogge, e sono equipaggiati di una sorta di zampe (Spike) mediante le quali si appiccicano sulla superficie della cellula ospite per poi continuare con l'usurpazione. Lo scopo di un virus è quello di riprodursi senza una fase di crescita, senza, quindi, un periodo di nutrizione. Il suo codice genetico prende il sopravvento sulla cellula ospite (per un meccanismo ancora sconosciuto) e la costringe a obbedire alle sue istruzioni, così tutte le energie della cellula finiscono per essere impiegate dal virus per produrre (come una catena di montaggio) i pezzi di quest'ultimo, i quali riescono poi ad assemblarsi per procreare tantissimi virus completi. Quando sono maturi, la cellula (già moribonda) scoppia e libera questi patogeni all'esterno, in modo che possano infettare nuove cellule; oppure i virus possono uscire comodamente, concedendo alla cellula di conservare un po' di energia per se stessa; altre volte il virus rinuncia a replicarsi e si cerca un angolino della cellula in cui scavarsi una vera e propria tana per poi restare quieto, può bloccarsi in letargo per sempre o essere scosso da stimoli che, anche in questa situazione, hanno genesi ignota.

6.4 Allarme rosso

Desumo che il terrore di essere contagiati da cadaveri è autentica illusione ma, rinunciando a ogni ragionamento scientifico, basta riflettere limitatamente su quante visite sono state fatte dalla USCA (osate e ideate una cifra), i quali erano obbligati ad assumere relazioni con gente contagiata e molto contagiosa ma adottavano tutte le prudenze appropriate. Cosa sono esigui cadaveri (anche se fossero stati epidemici) in rapporto all'esorbitante cifra da voi pensata?

7. Giustizia senza legge

7.1 Viva l'Italia

Iniziamo questo capitolo dalla Costituzione della Repubblica Italiana formata da 139 articoli e da 18 disposizioni, approvata dall'Assemblea Costituente e pubblicata nel 1947. Al termine della prima guerra mondiale in Europa si assistette a un'evoluzione del costituzionalismo, ma questo non accadde in Italia perché, anche a causa della mancanza di rigidità dello Statuto, con l'avvento del fascismo, lo Stato fu deviato verso un regime autoritario, <u>stravolgendo</u> le libertà pubbliche, <u>cancellando</u> la libertà di stampa, <u>eliminando</u> le opposizioni e la Camera dei deputati. Lo statuto non venne mai abolito ma sempre violato, infranto già dalla nomina di Mussolini a primo ministro. Nel 1943 Mussolini venne estromesso e il re Vittorio Emanuele III nominò Badoglio per presiedere un governo (che ripristinò in parte le libertà dello Statuto) che fosse in grado di gestire un regime transitorio.

La caratteristica principale della Costituzione italiana è la rigidezza, cioè le disposizioni di legge in contrasto con la stessa vengono rimosse innanzi a una corte costituzionale, e le riforme della Costituzione necessitano di un procedimento aggravato (significa con maggioranza qualificata e non normale e mediante doppia delibera).

7.2 L'ombra del potere

Ho scritto nel capitolo "Il seme della discordia" che non posso accettare l'obbligo vaccinale senza una legge, ma avrei dovuto dichiarare che è la Costituzione che non lo può concedere. Per un obbligo vaccinale non è sufficiente un Decreto Legge che abbia natura temporanea e buttato fuori solo per uno stato emergenziale. La Costituzione non contempla nella maniera più assoluta uno stato di emergenza e considera unicamente lo stato di guerra, che deve essere deliberato dal Parlamento e dichiarato dal Presidente della Repubblica. In più, pur volendo, lo stato di emergenza (sanitario) non è stato mai disposto dal Parlamento e nemmeno enunciato dal Presidente della Repubblica. In Italia esiste solo una Protezione Civile per coordinare e fronteggiare calamità naturali. I Padri Costituenti hanno **consapevolmente** scelto di non prevedere qualsiasi altro stato di emergenza perché vi era la possibilità, in certe situazioni, di far sorgere poteri più o meno dittatoriali (in contraddizione, appunto, con la logica stessa della Costituzione).

7.3 Illegittimo

A conclusione di quanto detto, tutti i DPCM, tutti i DL e gli ultimi protocolli (con i quali un datore può imporre un irrazionale trattamento sanitario ai lavoratori), sono atti ufficiali del Governo del tutto illegali e alcuni devastanti (per non dire farseschi) poiché "raccomandano" (e non obbligano o vietano), a mo' di consigli della nonna (senza offesa per le nonne le quali avrebbero guidato e garantito con migliori risultati). Tutto questo è estorsione, violenza privata ed eversione dell'ordine costituzionale. Propizio ricordare che la celebre e celebrata mascherina è stata convertita dal legislatore, nell'aprile 2020, anche come dispositivo di protezione individuale (DPI), in deroga alle normative vigenti, fino allo scadere dello stato d'emergenza, e che a fine aprile 2022, esaurendosi questo straziante stato, sono cadute tutte le normative legate a esso, quindi le mascherine sono tornate a essere solo dei trattamenti sanitari.

7.4 Ai margini dei margini

Tornando all'argomento, per fare un esempio, oggi esiste una legge (la legge Lorenzin del governo Gentiloni), firmata da Mattarella (che "dovrebbe" essere il garante della Costituzione), che dal 2017 prevede delle vaccinazioni obbligatorie per i minori fino a sedici anni. Ma per fare una legge ci deve essere una base razionale (motivi ben sostanziati e opportunamente comprovati) e deve garantire parificata condizione a tutti. Poi, nel caso della Lorenzin, i genitori (o tutori) hanno la facoltà di esitare e di pagare la sanzione amministrativa prevista, che va dai cento ai cinquecento euro… troncando definitivamente la questione.

Quindi l'obbligo vaccinale (tra l'altro con un siero sperimentale, per il quale l'EMA ha palesemente dichiarato che non è nota la durata della protezione offerta, non è nota nessuna interazione con altri medicinali, rimane ignoto il rischio di tare genetiche per i futuri figli e quello della sua cancerogenicità) è anticostituzionale? Sì, e non solo quello.

7.5 Il canto della rivolta

Eversione.

Se proviamo a leggere qualche articolo della Costituzione scorgiamo che ci sono altre condizioni opinabili.

7.5.1 In nome del popolo italiano

Art. 1: [...] La <u>sovranità appartiene al popolo</u>, che la esercita nelle forme e nei limiti [...]

C'era una volta il Parlamento.

Boh! Dopo il governo Berlusconi [IV] (un governo solido) non si è capito più niente, giacché tutti i Premier non sono stati eletti direttamente dal popolo, ma nominati dal Presidente della Repubblica (Monti, Letta, Renzi, Gentiloni, Conte [I], Conte [II], Draghi), oltre al resto, per tutte le occasioni (eccetto Letta e Gentiloni) si è trattato di "piazzare" gente che non si era neanche candidata all'elezioni, quindi di perfetti estranei per il popolo italiano.

Dobbiamo dire grazie a Napolitano e Mattarella se da Monti in poi sono iniziati i terrificanti governi tecnici? Ci sono state anche nel lontano passato le condizioni con le quali la forza politica vincitrice non era fornita della ragionevole maggioranza per avviare un Parlamento (condizioni di non governabilità), per cui spetta, in questi casi, al Presidente della Repubblica l'onere, dopo opportuni dialoghi con i Leader dei partiti (per esplorare la sussistenza di possibili fiducie), di formare un Governo tecnico o di coalizione. Certo, è tutto scritto nella Costituzione (Titolo III) la quale precisa che il Governo è <u>sempre</u> nominato, <u>in ogni caso</u>, dal Presidente della Repubblica (ossia, sua deve essere l'ultima parola). Ma il Presidente della Repubblica non è eletto direttamente dal popolo ma dal Parlamento (più i delegati di regione)... insomma, un cane che si morde la coda conforme a un circolo chiuso e impenetrabile per noi cittadini che paghiamo le tasse e stipendiamo profumatamente l'enorme massa di parlamentari, cacciatori di poltrone e vitalizi. In qualunque modo, l'operato degli ultimi due Presidenti della Repubblica (entrambi con una confutabile doppietta sulla coscienza) è stato svolto senza coinvolgere il popolo italiano citato appunto dal Art. 1 della

Costituzione. Hanno fatto il loro lavoro? Sicuramente sì, ma io mi sento tradito (così come mi sentirei tradito se la mia Patria si lasciasse sfuggire quel poco di sovranità, mendicata agli Stati Uniti, a favore dell'OMS, ente senza scopo di lucro, di conseguenza, fondazione finanziata "in qualche modo"), e non me la sento nemmeno di legittimare chi il cambiamento non lo vuole, senza nemmeno rappresentarmi, recandomi alle urne. Sempre utile rammentare che un accentramento, in via straordinaria e temporale, di tutti i poteri in un solo organo, monocratico o collegiale, non è democrazia è qualcos'altro. Ma Repubblica non deriva da "res publica" ossia "cosa pubblica"?

7.5.2 Le ali della libertà

Art. 3: Tutti i cittadini hanno <u>pari dignità sociale</u> e sono eguali davanti alla legge, senza distinzione [...] <u>di religione</u>, di opinioni politiche, <u>di condizioni personali</u> [...]

Non lo so! Sicuramente c'è stata una sostanziale discriminazione mediante l'uso sommario della Certificazione Verde che aveva il solo scopo di limitare i contagi, risultato successivamente non efficace ma addirittura svantaggioso poiché compromesso dai "sieri magici" che non hanno fornito l'immunità tanto glorificata e sperata. Chi non ha fatto il vaccino per motivi religiosi, chi non ha fatto il vaccino per motivi politici, chi non ha fatto il vaccino per motivi etici, e tutte le altre innumerevoli contingenze, è stato meschinamente emarginato: Apartheid.

7.5.3 La via della morte

Art. 4: La Repubblica riconosce a tutti i cittadini il <u>diritto al lavoro</u> [...]

Art. 35: La Repubblica <u>tutela il lavoro</u> in tutte le sue forme e applicazioni [...]

Inutile fare ogni altro commento e far finta di festeggiare il 1° maggio! Tutti (eccetto chi in quei momenti se la spassava inoperoso col reddito di cittadinanza tra le mani) abbiamo affrontato il vile ricatto: o ti vaccini oppure sarai sospeso dal lavoro. Essere sospesi dal lavoro configura la piena privazione della retribuzione (senza un minimo del cosiddetto assegno alimentare e dopo aver subito altri danni economici dovuto alle restrizioni) e, sopra ogni cosa, significa morte della dignità. In altri e più semplici termini legali significa subire, senza processo, una sanzione molto grave. Faccio notare che esiste anche un diritto al lavoro nell'ordinamento dell'Unione Europea e un diritto al lavoro nell'ordinamento internazionale, entrambi patti firmati e ratificati.

Non è persuasione è coercizione.

«Papà», disse un figlio, «altrimenti non posso più uscire con gli amici». «Caro», disse la moglie, «a me non interessa mangiare fuori, inviterei tutti gli amici a casa, mi interessa perlomeno praticare la palestra, irrinunciabile ambiente ricreativo e salutare». «Papà», disse l'altro figlio, «altrimenti non posso neanche accedere alla libera università statale». Ecco il gravame che ha oppresso un lavoratore. "Differentemente", aleggiava nei travagliati pensieri ormai sconnessi, "ci dobbiamo scordare degli amici, della palestra, dell'università... e di mangiare".

La dimensione del danno morale è grave e bisognevole di una condanna che permetta un ristoro dello sconvolgimento esistenziale connesso anche alla ripetuta demonizzazione di tutte le persone che, liberamente e legittimamente, abbiano deciso di non sottoporsi a un trattamento sanitario.

7.5.4 Il mestiere delle armi

Art. 11: L'Italia <u>ripudia la guerra</u> [...] risoluzioni controversie [...] ordinamento che <u>assicuri la pace e la giustizia fra le Nazioni</u>; promuove e favorisce le organizzazioni internazionali rivolte a tale scopo.

L'argomento non c'entra niente con questo libro ma mi limito a pronunciare solo che le sanzioni (e le armi inviate alla controparte) denotano dichiarazioni di guerra, e che sarebbe d'obbligo piuttosto sostenere accordi e riconciliazioni erigendo ponti e non muri, oppure, come disse Sandro Pertini nel 1979 (colui che nel 1949 votò contro l'adesione dell'Italia alla NATO perché il patto era uno strumento di guerra, lo stesso che camminava in mezzo alla gente con grande umiltà, senza bisogno né di scorta, né di auto blu), svuotando gli arsenali e colmando i granai. Le ritorsioni sono gesti spropositati e imprudenti che metteranno a rischio (come al solito) famiglie e imprese (non quelle multinazionali).

7.5.5 Una ragione per lottare

Art. 13: La libertà personale è inviolabile. Non è ammessa forma alcuna di [...] <u>restrizione della libertà personale</u> [...] È <u>punita ogni violenza</u> fisica e <u>morale</u> sulle persone comunque sottoposte a restrizioni di libertà.

Art. 16: Ogni cittadino <u>può circolare</u> e soggiornare <u>liberamente in qualsiasi parte del territorio nazionale</u> [...]

Che dire?! Le restrizioni (con Decreti illegali) hanno fatto questo e altro. Nell'ottobre 2021, l'allora governo Conte disapprovava la violenza ma non le leggi anticostituzionali e discordanti dalle disposizioni europee, nemmeno un martellamento mediatico promosso sempre tramite una legge. Anche restrizioni e discriminazioni sono violenze, non fisiche ma psicologiche, e decidere qual è la peggiore è opinabile. Addirittura la prima potrebbe essere conseguenza della seconda... mai viceversa.

La lotta è patrimonio dell'umanità, usata da sempre per progredire e perfezionarsi. La visione della lotta è stata snaturata e ingabbiata nella violenza fine a se stessa, disprezzandone la sua esorbitante qualità. La lotta è per persone responsabili e dalla mente sana, la violenza è per le persone incapaci e dal buonsenso usurato.

Art. 17: I cittadini hanno diritto di <u>riunirsi</u> pacificamente [...] per le riunioni, anche in luogo aperto al pubblico, <u>non è richiesto preavviso</u> [...]

Cos'è stato il Daspo (tra l'altro previsto solo per l'ambito sportivo) irrogato nei confronti di un manifestante? Cos'è stato il tentativo di allontanare pacifici dimostranti, seduti a terra, con gli idranti? E il distanziamento?

7.5.6 I cento passi

Art. 21: Tutti hanno diritto di <u>manifestare liberamente il proprio pensiero</u> con la parola, lo scritto e ogni altro mezzo di diffusione. La stampa non può essere soggetta ad autorizzazioni o censure [...]

"Se capita che ti trovi dalla parte della maggioranza, è il momento per fermarsi e riflettere".

È un concetto espresso da Mark Twain con il quale invita a far riflettere le persone (non a farle cambiare idea); infatti quando la narrazione ufficiale diventa unilaterale si realizza un pensiero unico che non può essere, quindi, un pensiero. Con un confronto è scienza altrimenti è dogma. Anche "credere alla scienza" è dogma, ovvero anti-scientifico. La scienza mette in dubbio qualunque cosa, compresa se stessa, oltre a dover essere ripetibile, verificabile, affidabile e condivisibile. Tutto ciò si chiama metodo scientifico. Abbiamo invece assistito a una politica intersecata con la medicina e sono state prese decisioni senza supporto scientifico.

Viva il pensiero critico.

7.5.7 La variabile umana

La libertà più calpestata.

Art. 32: La Repubblica tutela la salute come fondamentale diritto dell'individuo e interesse della collettività [...] Nessuno può essere obbligato a un determinato trattamento sanitario se non per disposizione di legge. La legge non può in nessun caso violare i limiti imposti dal rispetto della persona umana.

Questo articolo è stato più volte al centro del dibattito soprattutto per il termine "collettività". I Padri Costituenti certamente non intendevano che per l'interesse della collettività bisognava tutelare la salute dell'individuo, ma formularono l'Art. 32 dato che nei campi di concentramento nazisti venne effettuata sperimentazione umana sui deportati, e per questo che i medici coinvolti furono condannati per crimini contro l'umanità in alcuni processi secondari di Norimberga. La "salute collettiva" (termine ponderato accuratamente e prescelto) è intesa come interesse a un ambiente salubre e i diritti fondamentali devono sempre prevalere sull'interesse collettivo alla salute. Molta gente se ne veniva (se ne viene e, credo, se ne verrà) con la famosa frase di Martin Luther King "la tua libertà finisce dove inizia quella degli altri" ma nessuno è in grado di stabilire obiettivamente dove finisce la libertà di qualcuno e dove inizia quella dell'altro. Piuttosto significa che il nostro impegno è quella di vietare agli altri di levarci la libertà (un tesoro molto prezioso) ma nel contempo dobbiamo imporre a noi stessi di non toglierla agli altri, in definitiva chiunque ha la pretesa di difendere la propria libertà.

Viva l'individuo.

7.5.8 Alla ricerca di un senso

Art. 41: L'iniziativa economica privata è libera. Non può svolgersi [...] in modo da recare <u>danno</u> alla salute, <u>all'ambiente</u> [...]

Anche in questo caso l'argomento è discordante da questo libro ma molto di moda come quello della guerra. Mi limito a scrivere alcune frasi tratte da "Collasso. Come le società scelgono di morire o vivere" di Jared Diamond:

- [...] Ma cosa mai si può fare, a livello individuale, quando il mondo in realtà è plasmato dalle potenze mostruose e inarrestabili di governi e grandi imprese [...];
- [...] Le miniere producono molto più materiale di scarto rispetto ai pozzi petroliferi. Un pozzo produce per lo più acqua, di solito secondo un rapporto di uno a uno rispetto alla quantità di petrolio estratta. I metalli, invece, costituiscono soltanto una piccola frazione del materiale grezzo che viene estratto [...].
- I leader che possono veramente contribuire a cambiare le cose sono quelli che non accettano passivamente lo stato dei fatti, ma che hanno il

coraggio di [...] agire [...] Allo stesso modo, i cittadini altrettanto coraggiosi e attivi [...]

Altro che auto elettriche.

7.5.9 Il cerchio

Ci sarebbe da dire ancora qualcosina sui rimanenti articoli, in particolar modo sull'Art. 50 e 51, ma essi richiamano temi molto generici e non riferibili nemmeno a ciò che stiamo "vivendo" in questi giorni.

8. Numeri magici

8.1 Divergent

Non sono un medico, né un biologo, nemmeno un legale, pertanto tutto il mio pensiero fino a ora esposto potrebbe essere oggetto di smentite da parte di esperti che dovrò accettare dietro illustrazioni ragionevoli. Non dovrei essere smentito (ma il condizionale è d'obbligo) riguardo argomenti matematici poiché ho titoli di studio tecnici.

8.2 La solitudine dei numeri primi

Consideriamo per prima cosa le cifre riportate nei bollettini giornalieri. I due numeri principali sono i contagi e i morti. Così come essi sono mostrati non servono a niente. Così come essi sono mostrati non servono per studi statistici. Così come essi sono mostrati non sono per niente utili per focalizzare bene la situazione pandemica. Così come essi sono mostrati provvedono solo a intimidire inutilmente la popolazione e per determinare più disordine.

Ricordiamo a tutti, perché è passato molto tempo ormai, che:

1) il Covid è una patologia causata da un virus siglato SARS-Cov2;

2) chi ha questa patologia accusa dei sintomi simil-influenzali ben specifici più o meno gravi;

3) chi ha questa patologia potrebbe essere anche paucisintomatico o asintomatico;

4) gli asintomatici per definizione scientifica, non avendo sviluppato la malattia, non hanno nessuna patologia;

5) gli asintomatici, di conseguenza alla definizione scientifica, ce ne sono obbligatoriamente una marea.

Come diceva fondatamente un infettivologo: in Italia non distinguiamo tra i positivi e chi ha una vera patologia.

8.3 Il malato immaginario

Critichiamo un bollettino di un qualsiasi giorno. Quando affermano che il giorno X ci sono stati, per esempio, 10000 contagiati, non significa che il giorno X, 10000 individui hanno sviluppato la malattia (che il giorno X, 10000 tizi si sono ammalati mentre stavano in salute il giorno prima), ma significa che c'erano 10000 disgraziati, sani, che se ne stavano per i fattacci loro e che per qualche ragione, anche, per esempio, per procurarsi l'inviolabile sostentamento, si sono dovuti inchinare allo sgradito tampone, e che questo abbia probabilmente scambiato uno dei parecchi coronavirus già viventi da un'eternità, per il giovane, intelligentissimo e stimatissimo pronipote SARS-Cov2 (c'erano 10000 sciagurati, sani, che stavano facendo le loro faccende e che per cattiva sorte, inconsapevoli di tutto, sono stati "sgamati"). Non ha logicità edificare il tutto sulla lacunosa base di questi numeri.

8.4 L'Italia che lavora

Mi pare di aver detto che i tamponi potrebbero fornire dei numeri a lotto? A parte che occorrerebbe fare computi incastrando pure i pesi della sensibilità, specificità e accuratezza, proviamo a leggere (senza aggiungere polemiche) le "avvertenze, precauzioni e limiti d'uso" di uno dei tanti test rapidi.

- I risultati del test dell'antigene SARS-CoV-2 non devono essere utilizzati come unica base per diagnosticare o escludere l'infezione da SARS-CoV-2 [...];

- I risultati negativi non escludono l'infezione da SARS-CoV-2 [...]

- Risultati positivi possono essere dovuti a infezioni presenti di ceppi di SARS-coronavirus [...]

Mi fermo qui altrimenti mi viene da ridere... ops, vaporoso pungolo. Certo, qualcuno riporterebbe che i test hanno la necessità di essere ratificati o ritrattati con diagnostica molecolare (dacché quest'ultima cerca il materiale genetico del virus anziché gli antigeni).

Fino a quando la legge concede che i test rapidi sono sufficienti per starsene a casa per poi ottenere la Certificazione Verde (cosa che è successo dall'inizio del 2022) va bene (anzi, sotto certi aspetti, va male), diversamente risulta legittimo chiedere a quanti cicli di ampliamento dell'RNA virale andrebbero svolti i test molecolari. Il problema è tutto qua. Se mi fermo, per esempio, a 24 cicli avrò un risultato, se vado oltre e arrivo, per esempio, a 48 ne avrò un altro. A parità di risultato, più cicli avrò fatto e meno contagiosa sarà la persona sottoposta a tampone, che sarà inevitabilmente assoggettata, seppur asintomatica, a dannosa quarantena. Ma ormai siamo tutti vittime dell'azienda Tamponificio Italia S.p.A.

8.5 Sorvegliato speciale

Al di là delle critiche che possono essere mosse verso i tamponi, il numero di nuovi contagi giornalieri (sempre se sono nuovi) non ha nessun impiego pratico, come già accennato. Quello che serve seriamente, se imponiamo di avvalersi almeno un po' della statistica, è sorvegliare il numero totale di potenziali contagiati. Il conteggio che io avevo iniziato a fare da ottobre 2020 è stato quello di sottrarre dalla popolazione italiana tutti quelli che non avrebbero avuto bisogno per la prima volta di un tampone (deceduti, ospedalizzati, contagiati, guariti), quelli che io chiamo "tamponabili", in modo da quantificare, mediante la percentuale di positivi, tutti i potenziali contagiati. La somma tra deceduti, guariti e contagiati (ospedalizzati e non), i quali guariranno o moriranno, formano i cosiddetti "casi totali", sotto assieme complementare ai "tamponabili". Tenendo sotto controllo il numero di potenziali contagiati, verificandone il rilassamento o la contrazione, e tenendo sotto controllo il numero di casi gravi e letali, si afferra all'istante come sta mutando il virus in rapporto alle due caratteristiche chiavi, la trasmissibilità (o contagiosità) e la virulenza (o aggressività), ossia l'andamento della pandemia. Non è coerentemente fattibile accollarsi, quindi, decisioni solo in base al numero assoluto di contagi giornalieri, all'opposto è sterile e pernicioso. Disponendo i potenziali contagiati in un grafico ho notato un andamento (con trend in discesa) totalmente diverso da quello dei contagi giornalieri (fatto di alti e bassi e con un trend assurdo e ridicolo) ma molto più tangibile. All'inizio del 2021 sono stati poi introdotti i vaccini (esibiti con platealità, come le bare di Bergamo) e quindi sono stato mosso verso il riesame del foglio di calcolo, introducendo anche le persone che avrebbero usufruito "spontaneamente" di questo trattamento e togliendole dai "tamponabili". (Ah, a questo proposito, mi risulta che ci sono stati dei medici che hanno fatto fare ai pazienti una serie di giusti esami, prima di far a loro iniettare la sostanza che hanno chiamato vaccino, e anche in questa occasione questi onesti malcapitati sono stati sospesi dall'Ordine). In verità (sempre riguardo al grafico) per 20 giorni è stata osservata una discesa più inclinata della curva per poi riprendere un andamento più stagnante durato 40 giorni, seguito da una risalita e ridiscesa per altri 40 giorni, e finalmente la curva ha cominciato a "mollare" assumendo un comportamento asintotico. Ma la favorevole notizia (che per un tecnico o per un matematico è la scoperta di un asintoto) è stata troncata a metà aprile quando i casi totali (ricordo che essi comprendono i deceduti, ospedalizzati, contagiati, che guariranno o moriranno, e i guariti) più i vaccinati superavano la popolazione italiana. Ciò significa che hanno vaccinato senza alcun fondamento (e tra l'altro senza chiedere adeguate analisi cautelative), anche i guariti, contro ogni logica scientifica, sborsando, come fa un cattivo padre di famiglia, i soldi di noi italiani, e significa anche che i vaccini non hanno lavorato secondo quanto dovuto. Ho notato anche che il mio grafico non è stato per niente inficiato (com'è giusto che sia) dal losco esordio della Certificazione Verde per portare pane alla famiglia.

8.6 Delitto perfetto

Un altro tema al centro della discussione è il dislivello tra morti "con" o "per" il Covid. Da un'intervista, ad agosto 2022, allo stesso infettivologo citato prima, ecco le ardue parole adoperate: [...] non sono sicuro che tutte queste persone siano morte di Covid, ma se siamo così sicuri, allora qualcosa non sta funzionando nel Paese [...]. Attenzione io non sono né a favore né contro questa persona, il fatto che sia stato citato per una seconda volta è solo un caso. Io addirittura discernerei tra i morti "di" Covid, morti "per" il Covid e morti "con" il Covid. I primi sono quelle persone in buone condizioni (forse predisposte) che sono morte proprio per l'insospettabile inasprirsi della malattia (o per errori medici all'interno degl'ospedali); i secondi sono quelle persone che sopportavano già altre patologie gravi e il Covid (chiaramente queste persone avranno sviluppato la malattia) abbia dato loro il colpo di grazia; i terzi sono persone morte per altre cause (in ospedale) ma sono risultati positivi all'illusorio bastoncino con un batuffolo all'estremo (ossia queste persone non hanno sviluppato la malattia). La controversia si attiene al fatto che la statistica è una scienza (studia fenomeni collettivi) la quale presuppone un'ineccepibile ripartizione dei dati (campionamento stratificato) per poterli metodicamente studiare, in altro modo le somme conteggiate non forniscono interesse nemmeno come numeri a lotto. Sarebbe stato utile suddividere (ufficialmente) i dati almeno in due sottopopolazioni omogenee e tenerne traccia (ISTAT).

Ma a che serve capire come una persona è morta? A cosa importa agli sfortunati parenti sapere la verità? Quando uno è morto, è morto.

8.7 Pandemia

Per una determinata malattia vanno ponderati due indici, il tasso di mortalità e il tasso di letalità. I tassi effettivi, per logica, potranno essere calcolati solo al termine di un'epidemia, ma devono essere stimati all'inizio per definire le misure di contenimento (in un dato periodo di tempo). Il primo è il rapporto tra il numero di morti rispetto al totale della popolazione, il secondo il rapporto tra numero di morti rispetto ai soggetti ammalati. Sono indici che in qualche modo (come già accennato precedentemente) fanno comprendere la trasmissibilità e la virulenza della malattia.

Anche questi numeri spesso possono farli divenire aleatori, poiché dipendono molto dalle metodologie di calcolo e dai correttivi utilizzati. Non è pienamente normale, infatti, che l'OMS abbia calcolato per la SARS indici via via crescenti, in assenza di una tangibile amplificazione della gravità della malattia, anzi l'andamento sarebbe dovuto essere, come natura indottrina, banalmente decrescente. Ma se noi falliamo già sui dati di partenza ci troviamo nei pasticci, vale a dire che se non distinguiamo tra i positivi al tampone (che potrebbe essere anche poco genuino) e le persone che sviluppano la vera e propria malattia (anche paucisintomatica), e se non distinguiamo i morti per il Covid da quelli con il Covid, generiamo una confusione terminologica e dei numeri completamente infondati. A questo si aggiunge un'immane quantità di arroganti scienziati, convinti di riuscire a controllare l'incontrollabile, che hanno conciato il nostro Paese in un disastro ove ormai prevalgono caos e sfiducia. Probabilmente sono gli stessi che hanno contribuito a distruggere la memorabile omeopatia che ragiona con gl'incontrollabili infinitesimi.

8.8 La strategia degli affetti

Al posto di condurre una vaccinazione di massa non sarebbe stato più comprensibile un reale screening di massa, proseguire con efficaci quarantene e fornendo autorevoli aiuti economici alle persone e alle aziende colpite? Forse avremmo rinunciato agl'incentivi per le vacanze e per i monopattini elettrici, al Cashback, al reddito di cittadinanza. Sì, l'economia avrebbe avuto lo stesso delle percosse, ma può darsi che a quest'ora, dopo 30 mesi, il virus, ammettendo che sia stato isolato, avrebbe fatto le valigie e molti italiani sarebbero ancora tra noi.

Viva la vita.

Conclusioni

Sono confidente di aver centrato l'obiettivo, di aver sufficientemente esposto il mio pensiero. Spero però di non aver creato inutili paure nel diffondere un po' di cultura generale toccando inevitabilmente anche dei timorosi argomenti e non aver inculcato inutili pregiudizi.

Viva l'essere umano. Viva il pensiero critico. Viva l'individuo. Viva la vita.

www.ingramcontent.com/pod-product-compliance
Lightning Source LLC
Chambersburg PA
CBHW020929180526
45163CB00007B/2948